BEI GRIN MACHT SICH IHR WISSEN BEZAHLT

- Wir veröffentlichen Ihre Hausarbeit,
  Bachelor- und Masterarbeit

- Ihr eigenes eBook und Buch -
  weltweit in allen wichtigen Shops

- Verdienen Sie an jedem Verkauf

Jetzt bei www.GRIN.com hochladen
und kostenlos publizieren

GRIN

Frank Raulf

Der Simplex Algorithmus leicht gemacht!

Operations Research (Lineare Optimierung)

GRIN Verlag

Bibliografische Information der Deutschen Nationalbibliothek:

Die Deutsche Bibliothek verzeichnet diese Publikation in der Deutschen National-
bibliografie; detaillierte bibliografische Daten sind im Internet über http://dnb.d-
nb.de/ abrufbar.

Impressum:

Copyright © 2012 GRIN Verlag GmbH
Druck und Bindung: Books on Demand GmbH, Norderstedt Germany
ISBN: 978-3-656-25595-6

Dieses Buch bei GRIN:

http://www.grin.com/de/e-book/199030/der-simplex-algorithmus-leicht-gemacht

GRIN - Your knowledge has value

Der GRIN Verlag publiziert seit 1998 wissenschaftliche Arbeiten von Studenten, Hochschullehrern und anderen Akademikern als eBook und gedrucktes Buch. Die Verlagswebsite www.grin.com ist die ideale Plattform zur Veröffentlichung von Hausarbeiten, Abschlussarbeiten, wissenschaftlichen Aufsätzen, Dissertationen und Fachbüchern.

Besuchen Sie uns im Internet:

http://www.grin.com/

http://www.facebook.com/grincom

http://www.twitter.com/grin_com

Der Simplex Algorithmus leicht gemacht!

Operations Research (*Lineare Optimierung*)

von

Frank Raulf

Inhalt

Abbildungsverzeichnis

Tabellenverzeichnis

Abkürzungsverzeichnis

a   = Koeffizient
b   = Konstante
F   = Zielfunktion/Zielfunktionszeile
G   = Gewinnfunktion
SA   = Simplex Algorithmus
u   = Schlupfvariable
x   = Entscheidungs-/Strukturvariable
CQ   = Charakteristischer Quotiene

Symbolverzeichnis

$\Delta..^{+}$ = Differenz nach oben
$\Delta..^{-}$ = Differenz nach unten
$\sum$ = Summe
$\mathbf{R}^{n}$ = Vektorraum mit n Dimensionen

Optimierung allgemein

Viele ökonomische Fragestellungen beschäftigen sich mit der Suche nach einer optimalen Lösung. Bereits in der Schule wird die Kurvendiskussion gelehrt, bei der es zum Teil um die Ermittlung von lokalen und globalen Extrema geht. In der Wirtschaftswissenschaft ermittelt sich z.b. der Preis eines Monopolisten in Abhängigkeit der Preis-Absatz-Funktion durch den Cournotschen Punkt[1], welcher das Gewinnmaximum darstellt. Dies gilt allerdings nur für Monopole. Wesentlich mehr Unternehmen befinden sich im Wettbewerb. Hier ermittelt sich der Preis nicht in Abhängigkeit der Preis-Absatz-Funktion, sondern bestimmt sich durch das Marktgleichgewicht, wodurch das Unternehmen keinen oder kaum Einfluss ausüben kann.

Hinweis 1:   *Natürlich gibt es durch die Differenzierung (durch Marketinginstrumente) von anderen Unternehmen einen gewissen Spielraum (monopolistischer Bereich), der für den Preis ausgenutzt werden kann.[2]*

Viele Unternehmen stehen deswegen vor der Frage, wie genau sie z. B. ihren Gewinn erhöhen können. Diese Gewinnsteigerung bewirkt sich natürlich nicht nur über die Festsetzung des optimalen Preises, sondern auch über viele andere Faktoren, denn der Gewinn besteht ja auch aus den Kosten und der abgesetzten Menge.

De facto wollen Unternehmen eine unter gegebenen Umständen optimale Lösung finden. Ein Instrument, welches unter der Annahme der Linearität (*von Nebenbedingungen und Zielfunktion*) eine annehmbare Lösung finden kann ist der Simplex Algorithmus.

Ein Algorithmus ist eine exakte Methode, welche eine genaue Lösung findet.

Es handelt sich bei dem Simplex Algorithmus (SA) um keine Annäherungsmethode, obwohl die benutzten Nebenbedingungen und die Zielfunktion oft nur als Linear approximiert werden.

Zur Beschreibung des Vorgehens müssen zwischendurch immer wieder einige Begrifflichkeiten geklärt werden.

---

1. Operatives Marketing-Instrumente der Marketingpraxis Anne Jacobi S. 154
2. Operatives Marketing-Instrumente der Marketingpraxis Anne Jacobi S. 157

Es wird unterschieden zwischen dem primalen und dem dualen Simplex Algorithmus.[3] Zunächst soll die grundlegende Vorbereitung in zwei Schritten erläutert werden, um danach die beiden Arten des Simplex Algorithmus anhand eines produktions- Optimierungsproblems sowie eines Mischungsproblems zu erläutern. Die einzelnen Rechenschritte (*Iterationen*) und Grafiken finden sich im Anhang. Im letzten Teil wird dann auf die Sensitivitätsanalyse und Mehrfachzielsetzung umfassend eingegangen.

1. Das allgemeine Vorgehen, bevor der Algorithmus durchlaufen wird

Der erste Schritt ist die Findung der Entscheidungsvariablen. Die Anzahl der Entscheidungsvariablen n gibt die Anzahl der Dimensionen des Vektorraums $\mathbf{R}^n$ des konvexen Polyeders wieder. *Ein konvexes Polyeder ist die Menge aller konvexen Linearkombinationen endlich vieler Punkte im* $\mathbf{R}^n$.[4]

Ein Beispiel: Ein Unternehmen identifiziert die Anzahl der unterschiedlichen Produkte als Entscheidungsvariablen. Wenn das Unternehmen drei Produkte herstellen und absetzen kann, so ist ein $\mathbf{R}^3$, also ein drei dimensionaler Vektorraum gegeben.

1.1 Die Entscheidungsvariablen

Entscheidungsvariablen oder Strukturvariablen[5] sind die Veränderlichen, deren Menge unter sonst konstanten Bedingungen optimiert werden sollen. Hierbei kann es sich z. B. um Mengen absatzfähiger Produkte, um Inhaltsstoffe von Nahrungsmitteln, um Liefermengen bei Logistikproblemen oder um Wahrscheinlichkeiten gemischter Strategien bei Matrixspielen der Spieltheorie handeln.

Warum ist aber die Findung der relevanten Entscheidungsvariablen so wichtig?

---

3. vgl. Einführung in Operations Research von Domschke und Drexel 8. Auflage S. 24 u. 26

4. vgl. Einführung in Operations Research von Domschke und Drexel 8. Auflage S. 19

5. vgl. Einführung in Operations Research von Domschke und Drexel 8. Auflage S. 17

Hierzu ein kleines Beispiel:

Eine Öl-Raffinerie kann aus drei verschiedenen Rohölsorten a, b, c drei verschiedene Benzinsorten 1, 2, 3 herstellen, wobei jede Sorte Benzin alle drei Ölsorten beinhaltet.[6] Wie sind hier die Entscheidungsvariablen zu definieren?

Die Antwort auf diese Frage ist mit einem eine kleinen Trick verbunden, der darin besteht, so zu tun, als ob es sich nicht um drei, sondern um neun Ölsorten handle. Rohölsorte "a" ist zwar in Benzin 1, 2 und 3 vorhanden, doch legt man nun fest, dass es jetzt drei unterschiedliche Sorten "a" und zwar a1, a2 und a3 gibt. Insgesamt ergeben sich dadurch neun Entscheidungsvariablen.

Es ist also nicht selbstverständlich die Entscheidungsvariablen von Anfang an zu kennen und es lohnt sich kurz darüber nachzudenken.

Der zweite Schritt zur Vorbereitung ist die richtige Festlegung der Nebenbedingungen und der Zielfunktion, was meiner Meinung nach der schwerste ist.

1.2 Die Nebenbedingungen und die Zielfunktion "F"

Bei den Nebenbedingungen handelt es sich oft um Kapazitätsbeschränkungen oder Mindestanforderungen in Form von Ungleichungen oder manchmal auch Gleichungen. Eine Nebenbedingung schränkt die Optimierung der Zielfunktion ein. Denn es kann meistens nicht einfach davon ausgegangen werden, dass die Zielfunktion einfach unbegrenzt gesteigert werden kann. Kein Unternehmen kann ohne auf Absatzschranken, Produktionskapazitäten oder finanzielle Mittel zu achten einfach unendlich viel herstellen, um dadurch den Gewinn ins unendliche zu erhöhen. Ergo müssen immer gewisse Nebenbedingungen beachtet werden.

Der einfachste Weg um die Aufstellung von Nebenbedingungen zu erklären ist anhand von Beispielen. Im Folgenden sollen die wichtigsten Arten von Nebenbedingungen jeweils anhand eines Beispiels geklärt werden.

---

6. In Anlehnung an das Skript Operations Research von Prof. Dr. Reimpell S. 50

1.2.1 ≤ Bedingungen

Ein Unternehmen stellt zwei Guter x_1 und x_2 her und hat ein Lager in von 100 m^3. die Lagerung von x_1 benötigt 0,5 m^3 und die von x_2 1,5 m^3.

Die Nebenbedingung lautet somit: $0{,}5x_1 + 1{,}5x_2 \leq 100$

weil höchstens 100 m^3 aufgebraucht werden können. Das Ungleichungszeichen ≤ kann also mit höchstens übersetzt werden.

1.2.2 ≥ Bedingungen

Ein Unternehmen stellt zwei Guter x_1 und x_2 her und möchte einen Mindestabsatz von 30 Teilen, egal ob Gut eins oder Gut zwei realisieren.

Die Nebenbedingung lautet somit: $x_1 + x_2 \geq 30$

weil mindestens 30 Teile abgesetzt werden sollen. Das Ungleichungszeichen ≥ kann also mit mindestens übersetzt werden.

1.2.3 Gleichungen als Nebenbedingungen

Wenn eine Gleichung als Nebenbedingung gegeben ist, z. B. weil die Summe der Gewichtungen von Wertpapieren in einem Portfolio genau eins sein soll, so werden aus der Gleichung einfach zwei Ungleichungen gemacht.[7]

Gegeben sei: $2x = 4$

somit wird die Gleichung ausgewechselt durch $2x \leq 4$ und $2x \geq 4$.

Wenn 2x einerseits größer gleich vier aber andererseits auch gleichzeitig kleiner gleich vier sein soll, so bleibt nur „*gleich vier*" als einziger zulässiger Wert übrig.

---

7. vgl. Einführung in Operations Research von Domschke und Drexel 8. Auflage S. 17

1.2.4 Besondere Nebenbedingungen

Es gibt einige Nebenbedingungen, die besonderer Überlegung bedürfen. Hier sollen kurz zwei davon anhand jeweils eines Beispiels erläutert werden.

Ein Unternehmen kann zwei Güter herstellen x_1 und x_2. Entweder können 8 Mengeneinheiten von x_1 oder 3 Mengeneinheiten von x_2 hergestellt werden. Jede Linearkombination ist zulässig.

Die Nebenbedingung lautet hier: $\frac{1}{8} x_1 + \frac{1}{3} x_2 \leq 1$

Sobald von $x_1 = 8$ Mengeneinheiten hergestellt werden, wird der Quotient $\frac{1}{8} x_1$ zu eins und die Kapazität ist ausgeschöpft. Gleiches gilt analog bei $\frac{1}{3} x_2$.

Eine Brauerei habe Bier mit 5 % Alkohol (x_1) und Orangensaft (x_2) mit ca. 0,5 %. Sie möchte ein Getränk mit höchstens 3 % Alkohol mischen.[8]

Jetzt darf nicht der Fehler gemacht werden, den Alkoholanteil für eine absolute Größe zu halten. Denn dann würde die Nebenbedingung lauten: $5x_1 + 0,5 x_2 \leq 3$. Es wird schnell klar, dass bei einer Mischung aus zwei Getränken mit maximal 5 % Alkohol niemals mehr als 5 % herauskommen kann. Deswegen wird bei Mischungsproblemen mit relativen Anteilsangaben noch durch die Summe der betroffenen Entscheidungsvariablen geteilt.

Die Nebenbedingung lautet dann: $(5x_1 + 0,5 x_2)/(x_1 + x_2) \leq 3$
bzw.: $2x_1 - 2,5x_2 \leq 0$

Hierbei ist es unmöglich, mehr als 3 % Alkoholanteil zu erhalten.

Nebenbedingungen schränken zumindest meistens den Bereich der Zielfunktion ein. Doch wie wird eine korrekte Zielfunktion, die ja optimiert werden soll, aufgestellt?

1.2.5 Die Zielfunktion "F"

Bei Zielfunktionen des SA handelt es sich um homogene Funktionen. Das bedeutet, sie

---

8. In Anlehnung an das Skript Operations Research von Prof. Dr. Reimpell S. 50

haben keine Konstante. Folgendes Beispiel zeigt die Aufstellung einer Zielfunktion:

Ein Unternehmen hat das Ziel[9] seinen Gewinn zu maximieren. Zwei Produkte x_1 und x_2 werden produziert. Der Stückumsatz (Preis) für x_1 sei 10 € und der für x_2 sei 15 €. Die variablen Kosten für x_1 seien 5 € und die für x_2 8 €. Die Fixkosten betragen 200 €. Die Gewinnfunktion sieht folgendermaßen aus:

$$G_{(x1,\ x2)} = 10x_1 + 15x_2 - 5x_1 - 8x_2 - 200$$
$$" = 5x_1 + 7x_2 - 200$$

Da die Fixkosten sowieso bezahlt werden müssen, auch wenn die Produktion komplett heruntergefahren wird, kann man diese weglassen.

Die Zielfunktion F $_{(x1,\ x2)}$ lautet dann: $\qquad$ F $_{(x1,\ x2)} = 5x_1 + 7x_2$

Um ein Optimierungsproblem lösen zu können, muss es zunächst auf Normalform gebracht werden, von wo aus dann direkt die Simplexmethode angewandt werden kann.

1.3 Die Normalform

Bisher ist festzuhalten, dass ein Optimierungsproblem aus Nebenbedingungen und einer Zielfunktion „F" besteht. Um die Normalform zu erreichen müssen alle Nebenbedingungen zu $\leq$-Bedingungen umgewandelt werden, indem die $\geq$-Bedingungen mit minus eins multipliziert werden, was alle Vorzeichen und das $\geq$ in ein $\leq$ ändert. Wenn die Zielfunktion ein Minimierungsproblem ist, so wird diese, multipliziert mit minus eins, zu einem Maximierungsproblem.[10]

Bei der Simplexmethode müssen allerdings, um das lineare Optimierungsproblem lösen zu können aus den Ungleichungen erst einmal Gleichungen gebildet werden. Aus einer Ungleichung ergibt sich eine Gleichung, indem eine so genannte Schlupfvariable hinzufügt wird, welche die Differenz zwischen der rechten und linken Seite der Gleichung sozusagen auffängt (ausgleicht).[10]

---

9. Ziele müssen eigentlich immer operationalisiert sein, dies wird hier der Einfachheit halber vernachlässigt.

10. In Anlehnung an Einführung in Operations Research von Domschke und Drexel 8. Auflage S. 17

Beispiel:

$2x \leq 8$; wenn für x = 2 eingefügt wird, so ist die Ungleichung erfüllt. Wird nun eine Schlupf-variable (u) hinzugefügt: $2x + u = 8$, so ergibt sich eine Gleichung. Wenn nun eine zwei für x eingesetzt wird, fängt (u) den Rest auf. Die Schlupfvariable (u) hätte dann den Wert vier. Die Normalform sieht folgendermaßen aus:

Zielfunktion:

$$F_{(x1, x2, \ldots, xn-1, xn)} = \sum_{j=1}^{n} c_j * x_j => max!$$

wobei beispielsweise c_j der Nutzenkoeffizient und x_j die Entscheidungsvariable des Produktes j ist. Unter den Nebenbedingungen:

$$\sum_{j=1}^{n} a_{ij} * x_j + u_i = b_i$$

Beispielsweise ist hier a_{ij} der Verbrauch der Kapazität eines Produktes j an der Maschine i, u_i ist die Schlupfvariable und b_i die Kapazität der Maschine i.

Darüber hinaus komme die Nichtnegativitätsbedingung $x_j \geq 0$ zum Tragen, denn negative Mengen sind nicht sinnvoll.

Nachdem die Zielfunktion und die Nebenbedingungen aufgestellt sind, ist der nächste Schritt die Berechnung. Der SA kann zur Erleichterung mit einem so genannten Simplextableau, oder auch ohne dieses durchgeführt werden.

2. Primale und duale Iterationen

Entweder kann ohne Tableau gerechnet werden, indem anfangs die Strukturvariablen x_j und b_i die Schlupfvariablen u_i erklären. Sprich, die Schlupfvariablen befinden sich nun in der Basis. Danach wird die Variable, die den größten Nutzenzuwachs für die Zielfunktion bringt genommen und geschaut, wie groß diese Variable maximal sein darf, bis die Basisvariablen gerade zu null werden. Das wird erreicht, indem die Konstante jeder einzelnen Nebenbedingung durch den jeweiligen Koeffizienten der Variable, die ja den größten Zuwachs an Nutzen bringt, geteilt wird. Der dabei entstehende Quotient nennt sich Charakteristischer Quotient[11] (CQ) wovon der kleinste zu wählen ist, da dieser die härteste

---

11. Mathematik anschaulich dargestellt für Studierende der Wirtschaftswissenschaft von Peter Dörsam 15. Auflage S. 135

Restriktion darstellt. Die Basisvariable, die den kleinsten CQ hat, wird zu der Variable hin, die in der Zielfunktion den größten Nutzen bringt, aufgelöst und in alle anderen Basisvariablen, sowie die Zielfunktion eingesetzt. Hierdurch entsteht die zweite zulässige Basislösung, bei der nun die in der Zielfunktion zuvor nützlichste Variable in die Basis aufgenommen wurde.[12] Die Nichtbasisvariablen werden gleich Null gesetzt und die Konstanten stellen die Lösungen dar. Diese Iterationen sind weiter durchzuführen, bis alle Werte in der Zielfunktion < 0 sind, denn dann ist die optimale Lösung gegeben.

Hinweis 2:   *Die erste Basislösung ergibt sich durch Nullsetzen der Nichtbasisvariablen direkt am Anfang, hierbei stellt der "übrige" Schlupf die Basislösung dar.*

Es kann aber auch <u>mit</u> Tableau vorgegangen werden, was im Folgenden an zwei Beispielen gezeigt wird. Das obige Vorgehen sollte zunächst einige grundlegende Begrifflichkeiten klären.

2.1 Der primale Simplex Algorithmus

Folgendes Optimierungsproblem ist gegeben:

Maschinenkapazität	:	$2x_1 + x_2 \leq 150$
Budget	:	$x_1 + 3x_2 \leq 300$
Absatzpotential	:	$x_1 \quad\ \leq 150$
F	:	$5x_1 + 4x_2$

Das Simplex-Tableau wird nach den Vorgaben von 1. 3 aufgebaut. Hierzu wird eine <u>erweiterte</u> Koeffizientenmatrix aus der Koeffizientenmatrix (A) der Strukturvariablen, einer Einheitsmatrix (I) aus den Schlupfvariablen, sowie einem Vektor (b) aus den Konstanten aufgestellt. Es handelt sich um eine (m *(n + m + 1)) Matrix, wobei m die Anzahl der linearen (unabhängigen) Nebenbedingungen und n die Anzahl der Variablen ist. Plus eins entsteht wegen dem Konstantenvektor b.

---

12.   Entspricht dem Vorgehen von Strategische Spiele für Einsteiger von Alexander Mahlmann 1. Auflage 2007 S. 23-25

Die Matrix hat somit für das obige Beispiel das folgende Aussehen:

Tabelle 1: Starttableau des primalen Simplex Algorithmus

Basis	x_1	x_2	u_1	u_2	u_3	b_i
u_1	2	1	1			150
u_2	1	3		1		300
u_3	1				1	150
F	-5	-4				

(Quelle: Eigene Darstellung)

Die F-Zeile wurde mit minus eins multipliziert, um hinterher positive Werte zu erhalten.

Die erste Basislösung ergibt sich durch Nullsetzen von x_1 und x_2.

$u_1 = 150$; $u_2 = 300$; $u_3 = 150$

Das bedeutet, dass noch alle Kapazitäten unangebrochen sind, da die Produktion von x_1 und x_2 gleich Null ist.

Die Iterationen laufen in drei Schritten ab.[13]

1. <u>Auswahl der Pivotspalte</u>: Wähle den Nutzenkoeffizienten der Zielfunktion, welcher den größten Nutzenzuwachs bringt. Wenn einige gleich sind, so wähle irgendeinen. Im Beispiel dunkelgrün.

2. <u>Errechnung der Charakteristischen Quotienten</u>: Teile die Konstante b_i durch den positiven Koeffizienten der Pivotspalte in derselben Zeile. Wenn einige gleich sind, so wähle irgendeinen. im Beispiel blau. Gibt es keine positiven Koeffizienten, so breche das Verfahren ab. $b_i/a_{ij} = min$; wenn $a_{ij} > 0$

3. Schnittelement von Pivotzeile und -spalte ist das <u>Pivotelement</u>, im Beispiel orange, wird durch sich selbst geteilt. Danach wird auf die anderen Zeilen ein Vielfaches der Pivotzeile aufaddiert. Es wird also nach dem Gauß-Jordan-Verfahren einen Basistausch durchzuführen.

---

13. Vorgehen vgl. von Einführung in Operations Research von Domschke und Drexel 8. Auflage auf S. 24

Wendet man diese drei Schritte auf unser Beispiel an, so ergibt sich folgendes Tableau:

Tabelle 2: zweite Basislösung

Basis	x_1	x_2	u_1	u_2	u_3	b_i
x_1	1	(1/2)	(1/2)			75
u_2		2,5	-0,5	1		225
u_3		-0,5	-0,5		1	25
F		-1,5	2,5			375

(Quelle: Eigene Darstellung) (Hinweis: Iterationen finden sich im Anhang Nr. 1)

Setzt man jetzt wieder die Nichtbasisvariablen Null, so ergibt sich die folgende zulässige zweite Basislösung: $x_1 = 75$; $u_2 = 225$; $u_3 = 25$

Zu erkennen ist ein Basistausch zwischen x_1 (blau) und u_1. Die negative 1,5 (rot) in der F-Zeile weist auf ein noch nicht optimales Ergebnis hin. Wendet man die drei Schritte auf die zweite Basislösung an, so ergibt sich:

Tabelle 3: Optimaltableau

Basis	x_1	x_2	u_1	u_2	u_3	b_i
x_1	1		0,6	-0,2		30
x_2		1	-0,2	0,4		90
u_3			-0,6	0,2	1	120
F			2,2	0,6		510

(Quelle: Eigene Darstellung)

Die dritte Basislösung lautet: $x_1 = 30$; $x_2 = 90$; $u_3 = 120$

Hierbei handelt es sich um eine Optimallösung, weil alle Werte der F-Zeile positiv sind. So-bald sich also alle Vorzeichen in der F-Zeile geändert haben und der b_i - Vektor nur Werte $\geq$ 0 aufweist, ist also eine zulässige Optimallösung vorhanden.

Es sollten also bei den gegebenen Kapazitäten 30 Teile von Produkt eins und 90 Teile von Produkt zwei hergestellt werden. Aus der Lösung ergibt sich, dass das Unternehmen, aufgrund des hohen Absatzpotenzials von Produkt eins die Kapazitäten aufstocken sollte, denn $u_3 = 120$ bedeutet, dass von x_1 noch 120 mehr abgesetzt werden könnten. Zu der Interpretation von Optimaltableaus später mehr.

Hinweis 3: *Falls im <u>Starttableau</u> in der F-Zeile alle Werte positiv sind, so ist die erste primal zulässige Lösung (alle $b_i \geq 0$) zugleich auch optimal.[14] Diese Situation ergibt sich vorwiegend bei dem dualen Simplex Algorithmus*

2.2 Der duale Simplex Algorithmus

Angenommen eine Mensa möchte für ihre Speisen die Kosten minimieren. Zur Vereinfachung gibt es nur Bohneneintopf als Haupt- und Pudding als Nachspeise. Der Pudding (x_1) wird fertig gekauft. Die Zutaten für den Eintopf seien Tomaten (x_2) und Bohnen (x_3). Da die Mensa den Studenten nur vitaminreiches und nahrhaftes Essen verabreichen möchte, hält sie sich an die empfohlene Vitamindosis pro Tag.

Die folgende Nährwerttabelle gibt Aufschluss über die enthaltenen Vitamine in der jeweiligen Speise in Milligramm pro 100 Gramm Zutat.

Tabelle 4: Nährwerte

	Pudding	Tomaten	Bohnen
Vitamin A	1	2	0
Vitamin B	3	2	1
Vitamin C	0	1	1

(Quelle: Eigene Darstellung mit fiktiven Werten)

Pudding kostet 0,10 €, Tomaten kosten 0,30 € und Bohnen kosten 0,20 €. Alle genannten Angaben pro 100 g. Die Mensa möchte in der gesamten Speise mindestens 20 Milligramm Vitamin A, mindestens 35 Milligramm Vitamin B und mindestens 10 Milligramm Vitamin C enthalten haben. Die Frage ist nun, wie die Zutaten vermischt werden sollen, wenn von jeder Zutat des Eintopfes mindestens 50 Gramm enthalten sein sollen, denn es muss ja auch schmecken.

Zunächst sind die Nebenbedingungen aufzustellen, welche sich einfach aus der Nährwerttabelle und den Mindestmengen ergeben.

---

14. vgl. Einführung in Operations Research von Domschke und Drexel 8. Auflage auf S. 28

Vitamin A	$x_1 + 2x_2 \geq 20$
Vitamin B	$3x_1 + 2x_2 + x_3 \geq 35$
Vitamin C	$x_2 + x_3 \geq 10$
und	$x_1 \geq 0$
und	$x_2, x_3 \geq 0,5$ <= Mindestens 50g

Die Zielfunktion lautet:

$$F_{(x1, x2, x3)} = 0,1x_1 + 0,3x_2 + 0,2x_3 \Rightarrow min!$$

Für die Vorbereitung auf die Iterationen (*Erstellung der Normalform*) müssen alle Nebenbedingungen zu $\leq$ Bedingungen transformiert werden, indem man sie mit -1 multipliziert. Gleiches gilt für die Zielfunktion um das lineare Minimierungs- zu einem Maximierungsproblem zu wandeln. Danach werden noch die Schlupfvariablen in die Nebenbedingungen eingefügt.

Die nicht - Negativitätsbedingung $x_2, x_3 \geq 0$ ist hier durch $x_2, x_3 \geq 0,5$ ersetzt. Dieses Problem kann entweder 1. durch Substitution gelöst werden, indem man für $x_2 = (x_2 + 0,5)$ und $x_3 = (x_3 + 0,5)$ einsetzt.[15] Hierdurch würde $x_2, x_3 \geq 0,5$ zu $x_2, x_3 \geq 0$. Natürlich wird die Substitution auch in jeder Nebenbedingung und in der Zielfunktion durchgeführt und am Ende des Simplex Algorithmus wieder rückgängig gemacht. Oder eine andere Möglichkeit wäre 2. zwei Nebenbedingungen je $x_j \geq 0,5$ einzufügen, was aber zu einem sehr großen Tableau führt.

Verwendet man 2., wird klar, dass die Mindestmengen redundant sind. Durch Addition von $x_2 \geq 0,5$ und $x_3 \geq 0,5$, erhält man $x_2 + x_3 \geq 1$, was die gesamte Nebenbedingung durch die Vitamin C Nebenbedingung (größere rechte Seite) überflüssig werden lässt.[16] Es existiert also lineare Abhängigkeit. Diese kann bei quadratischen Koeffizientenmatrizen auch durch die Determinante oder ansonsten ebenso durch den Rang der erweiterten Koeffizientenmatrix ermittelt werden. Die Mindestmengen dürfen somit weggelassen werden und für die Variablen gilt nun: $x_1, x_2, x_3 \geq 0$.

---

15. vgl. Einführung in Operations Research von Domschke und Drexel 8. Auflage auf S. 49

16. vgl. Einführung in Operations Research von Domschke und Drexel 8. Auflage auf S. 37

Die Matrix hat somit folgendes Aussehen:

Tabelle 5: Starttableau des dualen Simplex Algorithmus

Basis	X_1	X_2	X_3	u_1	u_2	u_3	b_i
u_1	-1	-2		1			-20
u_2	-3	-2	-1		1		-35
u_3		-1	-1			1	-10
F	1/10	3/10	1/5				

(Quelle: Eigene Darstellung) Iterationen finden sich im Anhang 2!

Auch hier wurde die F-Zeile mit minus eins multipliziert, damit am Ende Kosten negativ bewertet werden.

Da sich nun negative Werte auf der rechten Seite der Ungleichung befinden, und negative Mengen nicht im zulässigen Bereich sind, stellt das Starttableau auch nicht die erste zulässige Lösung bereit. Durch die folgenden Iterationen des dualen SA wird das nicht zulässige in ein zulässiges Ergebnis geführt:[17]

1. Findung der Pivotzeile: Wähle die kleinste negative Konstante aus, wenn mehrere gleiche existieren, dann wähle eine frei. Im Beispiel dunkelgrün.
2. Findung der Pivotspalte: Teile nun den Nutzenkoeffizienten der Zielfunktionszeile durch die negativen Koeffizienten der Pivotzeile in derselben Spalte. Wähle hiervon den größten Quotienten aus. $c_j/a_{ij} = \max$, wenn $a_{ij} < 0$. Im Beispiel blau.
3. Schnittelement von Pivotzeile und -spalte ist das Pivotelement (orange). Zuerst wird es durch sich selbst geteilt. Danach wird auf die anderen Zeilen ein Vielfaches der Pivotzeile aufaddiert. Es wird also nach dem Gauß-Jordan-Verfahren einen Basistausch durchzuführen.

In Hinweis drei wurde bereits erwähnt, dass in einem Tableau mit positiven Werten in der F-Zeile, die optimale Lösung genau dann gegeben ist, wenn der b_i - Vektor nur positive Werte enthält.

---

17. Vorgehen vgl. von Einführung in Operations Research von Domschke und Drexel 8. Auflage auf S. 26

Werden für dieses Beispiel die in Anhang 2 enthaltenen Iterationen durchgeführt, so ergibt sich folgendes Optimaltableau:

Tabelle 6: Optimaltableau des dualen Simplex Algorithmus

Basis	x_1	x_2	x_3	u_1	u_2	u_3	b_i
x_2		1		- 3/5	1/5	- 1/5	7
x_1	1			1/5	- 2/5	2/5	6
x_3			1	3/5	- 1/5	-1 1/5	3
F				1/25	12/601	9/50	-3 3/10

(Quelle: Eigene Darstellung) Iterationen finden sich im Anhang 2!

Der Bohneneintopf besteht also für jeden Studenten pro Tagesportion *(z. B.Morgens ⅓, Mittags ⅓ und Abends ⅓)* aus 700g Tomaten und 300g Bohnen. Dazu werden 600g Pudding *(z. B. Morgens ⅓, Mittags ⅓ und Abends ⅓)* gereicht. (**3D Darstellung in Anhang 4**)

Bei Minimierungs- als auch bei Maximierungsproblemen treten bei dem Durchlaufen der Iterationen oft Probleme auf, aufgrund derer kein eindeutig optimales Ergebnis erreicht werden kann.

3. Probleme bei der Lösungsfindung

Bei dem Durchrechnen der Iterationen kommt es *(öfter als man denkt)* zu Lösungstableaus, die keine befriedigende Lösung darstellen. Diese Situation ergibt sich durch primale oder duale Degeneration, durch Unlösbarkeit oder durch unendlich viele Lösungen.

3.1 Primale Degeneration

Würde bei dem Produktionsbeispiel aus 2.1 die Nebenbedingung des Absatzpotentials von x_1 ≤ 150 auf $x_1 \leq 30$ geändert, so würde im vermeintlichen Optimaltableau eine der Variablen mit Null angegeben. Hierbei könnten weitere Iterationen durchgeführt werden, wobei aber wieder derselbe Punkt optimal wäre. Die Null würde dann lediglich an anderer Stelle auftauchen. Natürlich kann sich dieser Zustand auch durch mehrere Optimalwerte, die Null seien sollen äußern. *(Die Null/Nullen würden im Vektor b_i auftauchen)*

Diese Situation nennt man primale Degeneration.[18] Abbildung 1 verdeutlicht diesen Zustand.

Abbildung 1: primale Degeneration.

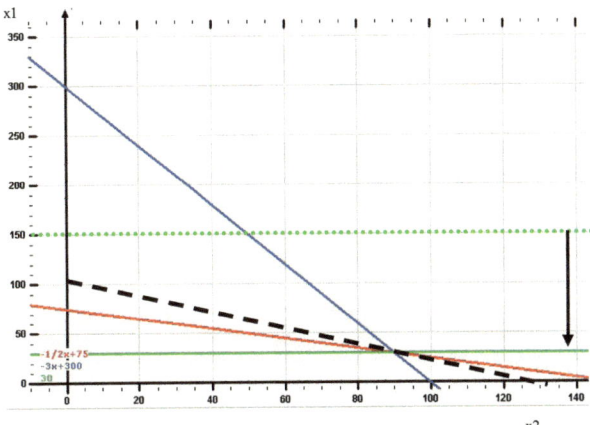

(Quelle: Eigene Darstellung)

Blau	= Budget
Rot	= Maschinenkapazität
Grün gestrichelt	= altes Absatzpotential x_1
Grün	= neues Absatzpotential x_1
Schwarz gestrichelt	= Zielfunktion

Je mehr Dimensionen ein lineares Problem hat, desto wahrscheinlicher wird allerdings ein anderes Problem. Die duale Degeneration.[19]

3.2 Duale Degeneration

Die duale Degeneration tritt genau dann auf, wenn die Steigung der Zielfunktion der Steigung einer der Nebenbedingungen entspricht. Zu erkennen ist dieses Problem an einer oder mehreren Nullen in der Zielfunktionszeile unter einer oder mehreren Nichtbasisvariablen im Optimaltableau. Die optimalen Lösungen des Problems befinden sich dann also auf einer Linie, einer Fläche, in einem Volumen oder auch innerhalb eines vier oder mehr dimensionalen Bereichs.

---

18. vgl. Einführung in Operations Research von Domschke und Drexel 8. Auflage auf S. 38

19. vgl. Einführung in Operations Research von Domschke und Drexel 8. Auflage auf S. 37

Jede konvexe Linearkombination aus den optimalen Eckpunkten des konvexen Polyeders ist dann eine mögliche Lösung.[20]

3.3 Unlösbarkeit und unendlich viele Lösungen

Auch ist ein Nebenbedingungssystem denkbar, bei dem es keinen zulässigen Bereich gibt. Ein einfaches Beispiel hierfür ist z. B. eine Mindestabsatzrestriktion, die die Produktionskapazitäten überlastet. Hierbei gibt es keine Lösung des Linearen Problems.[21]

Unendlich viele Lösungen ergeben sich, wenn das konvexe Polyeder unbegrenzt groß ist. Hierzu ein einfaches Beispiel. Man stelle sich ein Maximierungsproblem im zweidimensionalen Bereich vor. Die Zielfunktion möchte so weit, wie es der zulässige Bereich *(konvexes Polyeder)* erlaubt nach **oben rechts**. Ist der zulässige Bereich nach oben und/oder nach rechts unbegrenzt, wird die Zielfunktion nicht aufgehalten und kann unendlich weit wachsen.[22]

Wie in den vorherigen Ausführungen bereits gezeigt ist der SA unter Umständen sehr aufwendig in der Durchführung. Um nicht dazu gezwungen zu sein bei kleinen Änderungen gleich alle Iterationen noch einmal durchlaufen zu müssen, gibt es Möglichkeiten der Vereinfachung. Hierzu wird grundsätzlich nur das Start- und das Optimaltableau gebraucht.

4. Neue Nebenbedingungen & Sensitivitätsanalyse

Falls im Produktions-Beispiel 2.1 nachträglich die Nebenbedingung $x_2 \leq 80$ eingefügt werden sollte, weil sich diese verspätet als Absatzpotential herausstellt, braucht nicht unbedingt von vorn an gerechnet zu werden.

---

20. vgl. Einführung in Operations Research von Domschke und Drexel 8. Auflage auf S. 37

21. in Anlehnung an das Skript Operations Research von Prof. Dr. Reimpell S. 34

22. in Anlehnung an das Skript Operations Research von Prof. Dr. Reimpell S. 35

4.1 Einfügen einer neuen Nebenbedingung

Die neue Nebenbedingung muss einfach in das Optimaltableau eingefügt werden. Danach wird die alte Basis zurückgeholt, das bedeutet, alle in der alten optimalen Lösung enthaltenen Basisvariablen werden zunächst wieder zu Basisvariablen umgeformt.[23]

Tabelle 7: Tableau mit neuer Nebenbedingung

Basis	x_1	x_2	u_1	u_2	u_3	u_4	b_i
	1		0,6	-0,2			30
		1	-0,2	0,4			90
			-0,6	0,2	1		120
		1				1	80
F			2,2	0,6			510

(Quelle: Eigene Darstellung) (Iterationen im Anhang 3!)

Grau markiert ist die neue Restriktion. Nun wird die alte Basis zurück geholt, indem von der grauen Zeile einmal die zweite Zeile abgezogen wird. Im Anschluss sind die Iterationen des dualen (*und wenn bei primal zulässiger Lösung noch* <u>*negative*</u> *Werte in der F-Zeile existieren auch noch des primalen*) Simplex Algorithmus durchzuführen, bis alle Werte der F-Zeile positiv sind. Die folgende Tabelle zeigt die Optimallösung:

Tabelle 8: Optimaltableau mit neuer Nebenbedingung

Basis	x_1	x_2	u_1	u_2	u_3	u_4	b_i
x_1	1		0,7			-0,5	35
x_2		1	-0,4			1	80
u_3			-0,7		1	0,5	115
u_2			0,5	1		-2,5	25
F			1,9	0,6		1,5	495

(Quelle: Eigene Darstellung)

Diese Lösung kann leicht an Abbildung eins oder Anhang 6 überprüft werden.

Was würde nun passieren, wenn eine Einheit einer beliebigen Kapazität (b_i) alternativ verwendet würde?

---

23.   vgl. Einführung in Operations Research von Domschke und Drexel 8. Auflage auf S. 39-40

4.2 Die Schattenpreise und die reduzierten Kosten

Sobald ein Unternehmen die Chance bekommt seine Kapazität anderweitig zu nutzen, so stellt sich die Frage, ob diese Möglichkeit ausgenutzt werden sollte oder nicht.

Grundsätzlich werden die optimalen Werte der F-Zeile unter den Strukturvariablen reduzierte Kosten genannt und die unter den Schlupfvariablen Schattenpreise.[24]

Wir betrachten hierfür das Produktionsbeispiel des Kapitels 2.1 *(Anhang 1)*. Angenommen das Unternehmen könnte seine Maschinenkapazität an einen Interessenten vermieten. Welchen Preis müsste das Unternehmen pro Einheit verlangen?

Maschinenkapazität => $2x_1 + x_2 \le 150$ dargestellt als Gleichung => $x_1 = -0,5 x_2 + 75$.

In Abbildung 1 *(Anhang 6)* ist zu erkennen, dass die Maschinenkapazität das Budget schneidet.

Budget => $x_1 + 3x_2 \le 300$ dargestellt als Gleichung => $x_1 = -3 x_2 + 300$

Durch Gleichsetzung ergibt sich: $x_2 = 90$ und (eingesetzt) $x_1 = 30$

Wird die <u>Maschinenkapazität</u> um eine Einheit verringert, so ist zu beachten, dass in der Gleichung die Konstante nicht einfach auf 74 verringert werden darf, sondern nur um 0,5, da die 150 Einheiten aus der Ungleichung die Kapazität darstellen! Durch Gleichsetzung der Maschinenkapazität $x_1 = -0,5 x_2 + 74,5$ mit dem Budget ergibt sich insgesamt $(x_2, x_1) = (90,2, 29,4)$. Von x_2 werden somit 0,2 Einheiten mehr und von x_1 0,6 Einheiten weniger hergestellt, wenn die Maschinenkapazität um eine Einheit verringert wird.

Werden diese Ergebnisse in die Zielfunktion aufgenommen, folgt:

$4 * 90,2 + 5 * 29,4 = 507,8$ vorher waren es 510. Die Zielfunktion wird also um 2,2 verringert, wenn das Unternehmen seine Maschinenkapazitäten um eine Einheit verringert.

Diese Ergebnisse sind aus dem optimalen Simplextableau (nächste Seite) einfach abzulesen. Zuerst wird die Zeile der Nebenbedingung gewählt, bei der die Konstante verringert oder erhöht werden soll (im Beispiel Zeile 1). Danach wird die Basisvariable der Zeile gesucht (im Beispiel x_1). Der Wert der Schlupfvariable der Nebenbedingung (im Beispiel u_1) stellt die Verringerung oder Erhöhung des optimalen Wertes der Basisvariable (im Beispiel x_1) dar.

---

24. in Anlehnung an Einführung in Operations Research von Domschke und Drexel 8. Auflage auf S. 38-40

Die Spalte der Schlupfvariable (im Beispiel u_1) gibt die Änderungen aller Basisvariablen an (im Beispiel für $x_1 = -0,6$; $x_2 = 0,2$; $u_3 = 0,6$). Die Vorzeichen im Tableau sind genau umgekehrt zu lesen. Das Schnittelement der F-Zeile und der Spalte der Schlupfvariable (im Beispiel u_1) zeigt die Kosten für die Verringerung oder Erhöhung um eine Mengeneinheit der Maschinenkapazität.[25]

Wird in dem Beispiel die Maschinenkapazität von 150 auf 149 Einheiten verringert, verringert sich x_1 um 0,6, x_2 erhöht sich um 0,2 Einheiten und das kostet 2,2 €.

Diese Kosten nennen sich inputorientierte Opportunitätskosten.[25] Anders herum können diese auch als inputorientierter Opportunitätsnutzen[25] gesehen werden, sofern die Konstante der Ungleichung um eine Einheit erhöht wird.

Tabelle 9: Opportunitätskosten

Basis	x_1	x_2	u_1	u_2	u_3	b_i
x_1	1		0,6	-0,2		30
x_2		1	-0,2	0,4		90
u_3			-0,6	0,2	1	120
F			2,2	0,6		510

(Quelle: Eigene Darstellung)

Das Unternehmen sollte für die Vermietung einer Maschinenkapazitätseinheit einen Preis von mindestens 2,20 € nehmen, um keinen Verlust zu machen. Eine Erhöhung der Kapazität der Maschinen um eine Einheit darf anders herum auch nicht mehr als 2,20 € kosten, um keinen Verlust zu verzeichnen.

Steht eine Schlupfvariable in der Basis, kann eine Einheit der entsprechenden Kapazität umsonst alternativ verwendet werden, da diese Kapazität sowieso *(bis zu einem gewissen Teil)* brach liegt.

Wie weit können aber die Konstanten (Kapazitäten) verringert oder erhöht werden, bis sich die Basis ändert? Das bedeutet: Wie weit kann b_i verändert werden, sodass in der optimalen Lösung andere Basisvariablen stehen?

---

25. in Anlehnung an Einführung in Operations Research von Domschke und Drexel 8. Auflage auf S. 38-40

4.3 Wie weit darf sich „b_i" ändern bis sich die Basis ändert?

Für die Beantwortung dieser Frage soll wieder das Beispiel der Produktion aus Kapitel 2.1 bemüht werden. Wie weit darf sich die Maschinenkapazität ändern, bis sich die bisherigen Basisvariablen ändern? In **Abbildung 2** ist zu sehen, wie weit die Konstante der roten Linie absinken dürfte, bis sie die blaue Linie im Punkt $(x_1; x_2) = (0; 100)$ schneidet. Rechnerisch wird dies so bestimmt:

In diesem Fall gilt:
$$a_1x + b_1 = a_2x + b_2 \quad \Rightarrow \quad x = \frac{b2 - b1}{a1 - a2}$$
$$a_2x + b_2 = 0 \quad \Rightarrow \quad x = -\frac{b2}{a2}$$

mit 1 für Maschinenkapazität und 2 für Budget; a = Koeffizient von x; b = Konstante

Jetzt wird b_1 als Variable definiert:
$$\frac{b2 - b1}{a1 - a2} = -\frac{b2}{a2} \quad \Rightarrow \quad b1 = \frac{b2a1 - b2a2}{a2} + b2$$

Werden die Werte aus den Gleichungen für Budget und die Maschinenkapazität eingesetzt, kommt ein Wert von 50 heraus. Da vorher die Kapazität durch zwei geteilt wurde, werden die 50 mit zwei multipliziert. Die Maschinenkapazität kann also zunächst auf 100 Einheiten verringert werden, bis sich die Basis ändert.

Auf diese Weise ist die Bestimmung der Verringerung einer Variablen, bis sie die Basis verlässt nur selten möglich und darüber hinaus sehr aufwendig. Auch diese Differenzen lassen sich einfach aus dem optimalen Simplextableau ablesen.

Tabelle 10: Optimaltableau

Basis	x_1	x_2	u_1	u_2	u_3	b_i
x_1	1		0,6	-0,2		30
x_2		1	-0,2	0,4		90
u_3			-0,6	0,2	1	120
F			2,2	0,6		510

(Quelle: Eigene Darstellung)

Die maximale Erhöhung von b_i, bis sich die Basis ändert, sei Δb_i^+ und die maximale Verringerung von b_i, bis sich die Basis ändert sei Δb_i^-.

Bei der Ermittlung von Δb_i werden alle b_i <u>jeweils</u> durch alle Werte (a_{ij}) des Vektors der Schlupfvariablen der Nebenbedingung, die getestet werden soll, geteilt.

- Für $a_{ij} > 0$ ist von den Quotienten Δb_i der kleinste Δb_i^-.[26]
- Falls kein $a_{ij} > 0$ existiert, dann kann b_i unendlich verringert werden.[26]
- Für $a_{ij} < 0$ wird b_i mit minus eins multipliziert. Von den sich ergebenden Quotienten Δb_i ist der kleinste Δb_i^+.[26]
- Falls kein $a_{ij} < 0$ existiert, dann kann b_i unendlich erhöht werden.[26]

Für unser Beispiel heißt das:

$$\Delta b_1 = 30/0{,}6 = 50 = \Delta b_i^-$$
$$\Delta b_2 = -90/-0{,}2 = 450$$
$$\Delta b_3 = -120/-0{,}6 = 200 = \Delta b_i^+$$

Erhöht sich die Maschinenkapazität <u>um</u> 200 Einheiten auf 350, ist der Schnittpunkt von Nebenbedingung 3, wie in der folgenden Abbildung zu sehen ist, nicht mehr bei 75, sondern bei 175.

Abbildung 2: Kapazitätsänderung

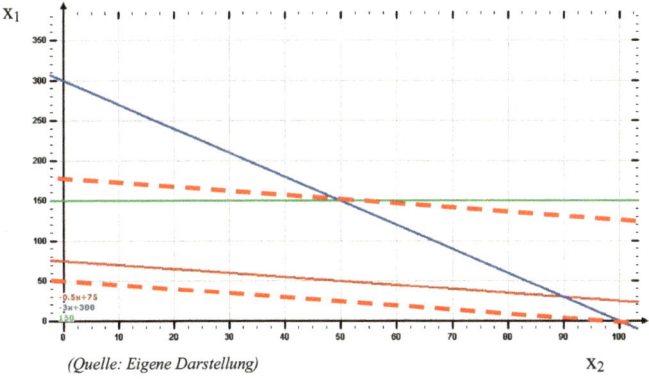

(Quelle: Eigene Darstellung)

Blau	= Budget
Rot	= Maschinenkapazität
Grün	= Absatzpotential x_1
Rot gestrichelt	= maximale und minimale Maschinenkapazitäts- Änderung bis sich die Basis ändert

---

26.   in Anlehnung an Einführung in Operations Research von Domschke und Drexel 8. Auflage auf S. 46

Die Steigung der Zielfunktion spielt bei der Frage nach dem optimalen Ergebnis eine entscheidende Rolle. Wie weit dürfen die Koeffizienten der Zielfunktion (z. B. Deckungsbeitrag oder Preis) geändert werden, bis sich die Basis ändert?

4.4 Wie weit darf sich „c_j" ändern, bis sich die Basis ändert?

Die Steigung der Zielfunktion kann laut Anhang 6 von -4/5 auf -4/8 sinken, bis sie gleich der Steigung der Maschinenkapazität ist (duale Degeneration). Die Koeffizienten c_j wären dann bei $(c_1; c_2) = (8; 4)$. Wäre die Steigung noch kleiner als -4/8, würden die optimalen Werte in der Abbildung des Anhangs 6 bei $(x_1; x_2) = (75; 0)$ liegen.

Gleiches gilt bei Anstieg der Steigung. Die Steigung kann so lange steiler werden, bis sie gleich der Steigung der Budgetrestriktion ist. Die Budgetrestriktion hat die Steigung von -3. Also sind $(c_1; c_2) = (4/3; 4)$, weil $-3 = -4/(4/3)$. Falls die Zielfunktion diese Steigung überschreitet, ist der optimale Punkt in der Abbildung des Anhangs 6 bei $(x_1; x_2) = (0; 100)$.

(Hinweis: Es wurde und es wird auch weiterhin nur c_1 variiert.)

Diese Werte lassen sich, wie unschwer vorzustellen ist, nicht immer so einfach ermitteln. Deswegen wieder der Blick in das optimale Simplextableau. Analog zu der Vorgehensweise in 4. 3 sollen die Quotienten aus den Nutzenkoeffizienten c_j der Zielfunktion geteilt durch die Koeffizienten der Zeile der Basisvariable, unter der der zu variierende Nutzenkoeffizient liegt, ermittelt werden.

Δc_j^+ sei der maximale Wert, um den c_j erhöht werden kann, bis sich die Basis ändert. Δc_j^- sei der minimale Wert, um den c_j verringert werden kann, bis sich die Basis ändert.

- Für $a_{ij} > 0$ ist von den Quotienten Δc_j der kleinste Δc_j^-.[27]
- Falls kein $a_{ij} > 0$ existiert, dann kann c_j unendlich verringert werden.[27]
- Für $a_{ij} < 0$ wird c_j mit minus eins multipliziert. Von den sich ergebenden Quotienten Δc_j ist der kleinste Δc_j^+.[27]
- Falls kein $a_{ij} < 0$ existiert, dann kann c_j unendlich erhöht werden.[27]

---

27.   in Anlehnung an Einführung in Operations Research von Domschke und Drexel 8. Auflage auf S. 45

Für unser Beispiel heißt das:

$$\Delta c_1 = 2{,}2/\,0{,}6 \ = 11/3 = \Delta c_j^{-}$$

$$\Delta c_2 = -0{,}6/-0{,}2 = 3 = \Delta c_j^{+}$$

$$c_1 - \Delta c_j^{-} \ = 5 - 11/3 = 4/3$$

$$c_1 + \Delta c_j^{+} \ = 5 + 3 = 8$$

Schlussbemerkung: Bei den Δc_j und den Δb_i handelt es sich um die Variation einzelner c_j oder b_i Werte. Die Ausführungen der Kapitel 4.3 und 4.4 gelten nur, soweit alle anderen Werte gleich bleiben. Werden mehrere Werte, z. B. c_1 und c_2 gleichzeitig geändert, so sollte eher auf die Steigung von "F" geachtet werden. Mehr dazu in Kapitel 5.3.

In der Praxis dürften Unternehmen nicht nur an der Maximierung des Gewinns, sondern auch an der Maximierung des Absatzes interessiert sein, um Marktanteile dauerhaft zu sichern. Diesem Verlangen wird durch die Optimierung unter Mehrfachzielsetzung genüge getan.

5. Mehrfachzielsetzung

Es gibt drei Möglichkeiten mehrere Ziele zu beachten, die im Folgenden erläutert werden sollen.[28]

5.1 Lexikographische Zielhierarchie

Es ist möglich die Ziele ihrer Hierarchie nach zu ordnen. Einem Unternehmen könnte es beispielsweise wichtiger sein, den Gewinn als den Absatz zu maximieren. Somit ist die Hierarchie:

1. Gewinn
2. Absatz

Nun optimiert das Unternehmen sein lineares Problem nur unter Beachtung des Gewinns. Für den Fall, dass der Absatz an derselben Stelle optimal ist, so sind beide Ziele erreicht.[28]

---

28. Alle drei Methoden vgl. Einführung in Operations Research von Domschke und Drexel 8. Auflage auf S. 56-60

Das beide an der gleichen Stelle optimal sind kann besonders dann passieren, wenn duale Degeneration (Kapitel 3.2) bei der Gewinnoptimierung vorkommt. Des Weiteren funktioniert dies gerade bei zweidimensionalen linearen Problemen, weil die zweite, in der Hierarchie weiter unten stehende Zielfunktion oft eine Steigung hat, die nicht so stark von der des übergeordneten Ziels abweicht, dass sich die Basis ändert. *Siehe Schlussbemerkung Kapitel 4.4. (Hinweis: Ein Beispiel hierfür in Abschnitt 5.3.)*

Diese Methode ist für die Mehrfachzielsetzung recht unbefriedigend, weil vor der Optimierung nicht feststeht, ob überhaupt beide Ziele gleichzeitig erreicht werden können.

5.2   Nebenziele als Nebenbedingung

Ziele können auch als Nebenbedingungen in das lineare Problem mit eingefügt werden. In Produktions-Beispiel 2.1 könnte die Mindestabsatznebenbedingung $-x_1 - x_2 \leq -110$ eingefügt werden.[29] Diese Nebenbedingung würde zu dem gewünschten Ziel führen, doch wie werden aber der Mindestabsatz bzw. auch andere Nebenziele quantifiziert? *(Hinweis: Durch diese Nebenbedingung ist die Absatzpotentialbedingung sofort als redundant erkennbar)*

Diese Variante beinhaltet somit eine gewisse Willkür, was in der Welt der Optimierung weniger erwünscht ist. Die folgende Methode ist auch nicht willkürfrei, doch ist sie wesentlich intuitiver und praktikabler.

5.3   Die Gewichtung der Ziele

Die Gewichtung der Ziele ist eine Mischung aus den ersten beiden. Zuerst werden die Ziele ihrer Wichtigkeit nach festgelegt, danach wird das Gewicht bestimmt.[29] Beispiel:

Der Manager des Unternehmens aus dem Produktions-Beispiel 2.1 stellt sich die Frage, inwiefern der Erfolg seines Unternehmens vom Absatz und inwiefern er vom Gewinn abhängt. Er kommt zu dem Ergebnis, dass ein hoher Absatz dauerhaft seine Marktposition sichert und der Gewinn ja lediglich die Differenz zwischen Umsatz und Kosten und somit eher kurzfristig orientiert ist. Solange der Gewinn nicht negativ ist, bleibt das Unternehmen solvent.

---

29.   Alle drei Methoden vgl. Einführung in Operations Research von Domschke und Drexel 8. Auflage auf S. 56-60

Er entscheidet sich somit für eine Gewichtung von 90% Absatz und 10% Gewinn. Seine Zielfunktion sieht somit folgendermaßen aus:

$0,9 * Absatz + 0,1 * Gewinn = 0,9x_1 + 0,9x_2 + 0,1*5x_1 + 0,1*4x_2 = F$

$F = 1,4x_1 + 1,3x_2$

Die optimale Lösung zeigt folgendes Tableau:

Tabelle 11: Optimaltableau mit gewichteten Zielen

Basis	x_1	x_2	u_1	u_2	u_3	b_i
x_1	1		0,6	-0,2		30
x_2		1	-0,2	0,4		90
u_3			-0,6	0,2	1	120
F			0,58	0,24		159

(Quelle: Eigene Darstellung)Iterationen im Anhang 7!

Das Produktionsprogramm hat sich nicht geändert. Dies liegt an der Tatsache, dass die Steigung der Zielfunktion -(1,3/1,4) (*nach x_1 aufgelöst*) ist. In 4.4 würde anfangs erwähnt, die Steigung dürfe auf -4/8 sinken. -4/8 > - (1,3/1,4). Die Zielfunktion befindet sich somit noch in dem zulässigen Intervall, in dem sich die Basislösung nicht ändert.

Der Gewinn ist im Beispiel immer noch auf 510 und der Absatz auf 90 für x_2 und 30 für x_1. In diesem Fall hätte auch die Lexikographische Methode funktioniert.

6. Konklusion

Einige Leser mögen sich wohl fragen, wieso der Simplex Algorithmus überhaupt notwendig ist, wenn doch sowieso fast alles durch die Grafiken ablesbar ist bzw. durch Gleichsetzung der Nebenbedingungen lösbar. Die Antwort hierauf ist einfach und lässt sich anhand der Kombinatorik erklären. Wie viele Schnittpunkte der Nebenbedingungen müssten durch Gleichsetzung ermittelt werden? Vereinfacht: Wie viele Basislösungen gibt es, bzw. wie viele verschiedene Kombinationsmöglichkeiten existieren, die Einheitsvektoren im Simplextableau auf die Variablen zu verteilen?

Im Beispiel 2.1 sind drei Einheitsvektoren und insgesamt fünf Variablen gegeben.

$$\binom{n}{k} = \left(\frac{n!}{(n-k)!\,k!} \right) = \binom{5}{3} = \left(\frac{5!}{3!*2!} \right) = 10$$

In Wahrheit sind es nur neun Schnittpunkte, aber aufgrund von $x_1 \leq 150$ könnte es theoretisch, sofern eine Steigung existieren würde, noch einen weiteren Schnittpunkt geben.[30] Je größer das lineare Problem, desto mehr Schnittpunkte. Der Simplex Algorithmus ist eine Vereinfachung, die sehr praxisbezogen angewandt werden kann.

6.1 Praxisrelevanz

Der Simplex Algorithmus ist ein Instrument, welches zum grundlegenden Verständnis und der Interpretation der Ergebnisse benötigt wird, welche die Software liefert. In der Praxis werden solche Methoden heiß diskutiert. Eine Vielzahl großer Unternehmen nutzt die Methode des Simplex Algorithmus bzw. ähnliche oder darauf aufbauende Optimierungsmethoden bereits. Laut dem Softwareentwickler FICO werden Optimierungsprogramme in Branchen wie dem Banken- und Versicherungswesen, dem Einzelhandel und den Gesundheits- und Biowissenschaften eingesetzt.[31]

Über die Nutzung bei kleineren Unternehmen ist nur bekannt, dass diese eher über Beratungsunternehmen in den Genuss einer Optimierung kommen, dies liegt wohl an den hohen Kosten für ein Optimierungsprogramm.

Selbst wenn ein Unternehmen lediglich den Excel Solver nutzt, so muss immer jemand bezahlt werden, der damit umgehen und die Ergebnisse richtig interpretieren kann.

Wie bereits erwähnt führen in unterschiedlichen Situationen entweder primale, duale oder eine Kombination aus beiden Iterationen zur optimalen Lösung. Abschließend seien diese auf der folgenden Seite in einer Abbildung zusammengefasst.

---

30. Mathematik anschaulich dargestellt für Studierende der Wirtschaftswissenschaft von Peter Dörsam 15. Auflage S. 141

31. http://www.fico.com/de/Unternehmen/Seiten/Kunden.aspx

6.2 Wann werden welche Iterationen benutzt?

(Hinweis: die Zielfunktionszeile wurde mit -1 multipliziert.)

Abbildung 3: Iterationsvorschrift

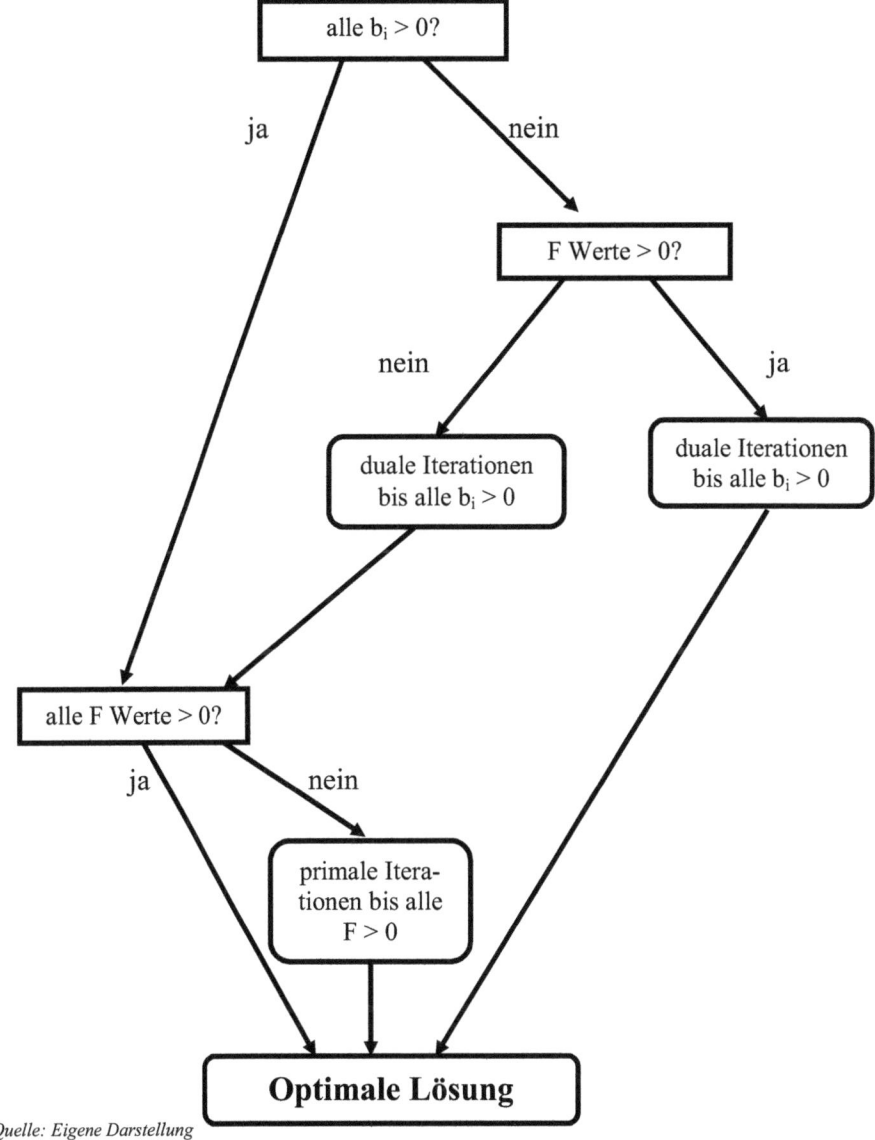

Der Simplex Algorithmus ist das wohl grundlegendste Instrument des Operations Research und erfreut sich, wenn auch oft modifiziert, größter Beliebtheit. Es gibt zwar alternative Methoden, wie die sogenannten Interior Point Methoden,[32] welche nicht die Außenränder des zulässigen Bereiches nach optimalen Lösungen absuchen (so wie dies der Simplex Algorithmus macht) sondern vom Inneren des konvexen Polyeders beginnen. Diese Vorgehensweisen sind dagegen... *"im ungünstigsten Fall, im Allgemeinen aber nicht im durchschnittlichen Laufzeitverhalten dem Simplex Algorithmus überlegen."[32]*

---

32.   Einführung in Operations Research von Domschke und Drexel 8. Auflage auf S. 21 - 22

Literaturverzeichnis

- Mathematik anschaulich dargestellt für Studierende der Wirtschaftswissenschaft von Peter Dörsam 15. Auflage

- Einführung in Operations Research von Domschke und Drexel 8. Auflage

- Skript Operations Research von Prof. Dr. Reimpell (FH-Südwestfalen)

- Operatives Marketing-Instrumente der Marketingpraxis Anne Jacobi (FH-Südwestfalen)

- Strategische Spiele für Einsteiger von Alexander Mehlmann 1. Auflage

Internetquellen

- http://www.fico.com/de/Unternehmen/Seiten/Kunden.aspx

Anhang 1:

Basis	x_1	x_2	u_1	u_2	u_3	b_i	
u_1	2	1	1			150	:2
u_2	1	3		1		300	
u_3	1				1	150	
F	-5	-4					

Basis	x_1	x_2	u_1	u_2	u_3	b_i	
	1	(1/2)	(1/2)			75	
	1	3		1		300	-1*I
	1				1	150	-1*I
F	-5	-4					+5*I

Basis	x_1	x_2	u_1	u_2	u_3	b_i	
x_1	1	(1/2)	(1/2)			75	
u_2		2,5	-0,5	1		225	:2,5
u_3		-0,5	-0,5		1	75	
F		-1,5	2,5			375	

Basis	x_1	x_2	u_1	u_2	u_3	b_i	
	1	(1/2)	(1/2)			75	-0,5*II
		1	-0,2	0,4		90	
		-0,5	-0,5		1	75	+0,5*II
F		-1,5	2,5			375	+1,5*II

Basis	x_1	x_2	u_1	u_2	u_3	b_i
x_1	1		0,6	-0,2		30
x_2		1	-0,2	0,4		90
u_3			-0,6	0,2	1	120
F			2,2	0,6		510

Anhang 2:

Basis	X₁	X₂	X₃	u₁	u₂	u₃	bᵢ	
u₁	-1	-2		1			-20	
u₂	-3	-2	-1		1		-35	:-3
u₃		-1	-1			1	-10	
F	1/10	3/10	1/5					

Basis	X₁	X₂	X₃	u₁	u₂	u₃	bᵢ	
	-1	-2		1			-20	+II
	1	2/3	1/3		- 1/3		11 2/3	
		-1	-1			1	-10	
F	1/10	3/10	1/5					-(1/10)*II

Basis	X₁	X₂	X₃	u₁	u₂	u₃	bᵢ	
u₁		-1 1/3	1/3	1	- 1/3		-8 1/3	
X₁	1	2/3	1/3		- 1/3		11 2/3	
u₃		-1	-1			1	-10	*-1
F		7/30	1/6		1/30		-1 1/6	

Basis	X₁	X₂	X₃	u₁	u₂	u₃	bᵢ	
		-1 1/3	1/3	1	- 1/3		-8 1/3	-(1/3)*III
	1	2/3	1/3		- 1/3		11 2/3	-(1/3)*III
		1	1			-1	10	
F		7/30	1/6		1/30		-1 1/6	-(1/6)*III

Basis	X₁	X₂	X₃	u₁	u₂	u₃	bᵢ	
u₁		-1 2/3		1	- 1/3	1/3	-11 665/998	:-(5/3)
X₁	1	1/3			- 1/3	1/3	8 1/3	
X₃		1	1			-1	10	
F		1/15			33/991	1/6	-2 5/6	

Basis	X₁	X₂	X₃	u₁	u₂	u₃	bᵢ	
		1		- 3/5	1/5	- 1/5	7	
	1	1/3			- 1/3	1/3	8 1/3	-(1/3)*I
		1	1			-1	10	-I
F		1/15			33/991	1/6	-2 5/6	-(2/30)I

35

Basis	X_1	X_2	X_3	u_1	u_2	u_3	b_i
X_2		1		- 3/5	1/5	- 1/5	7
X_1	1			1/5	- 2/5	2/5	6
X_3			1	3/5	- 1/5	-1 1/5	3
F				1/25	12/601	9/50	-3 3/10

Anhang 3:

Basis	x_1	x_2	u_1	u_2	u_3	u_4	b_i	
	1		0,6	-0,2			30	
		1	-0,2	0,4			90	
			-0,6	0,2	1		120	
		1				1	80	-II
F			2,2	0,6			510	

Basis	x_1	x_2	u_1	u_2	u_3	u_4	b_i	
	1		0,6	-0,2			30	
		1	-0,2	0,4			90	
			-0,6	0,2	1		120	
			0,2	-0,4		1	-10	:-0,4
F			2,2	0,6			510	

Basis	x_1	x_2	u_1	u_2	u_3	u_4	b_i	
	1		0,6	-0,2			30	+0,2IV
		1	-0,2	0,4			90	-0,4IV
			-0,6	0,2	1		120	-0,2IV
			0,5	1		-2,5	25	
F			2,2	0,6			510	-0,6IV

Basis	x_1	x_2	u_1	u_2	u_3	u_4	b_i
x_1	1		0,7			-0,5	35
x_2		1	-0,4			1	80
u_3			-0,7		1	0,5	115
u_2			0,5	1		-2,5	25
F			1,9	0,6		1,5	495

Anhang 4:

1)
Die weiße Platte ist die Zielfunktion, die bis in den Optimalen Punkt $(x_1; x_2; x_3) := (x; z; y) = (6; 7; 3)$ fällt.

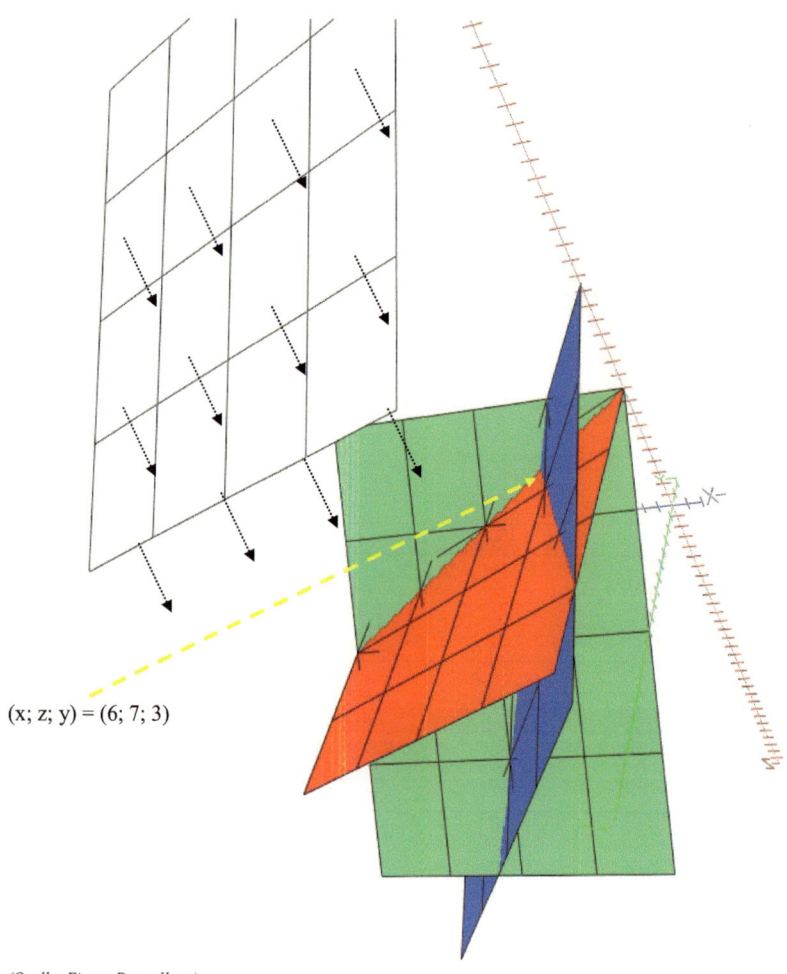

$(x; z; y) = (6; 7; 3)$

(Quelle: Eigene Darstellung)

2)

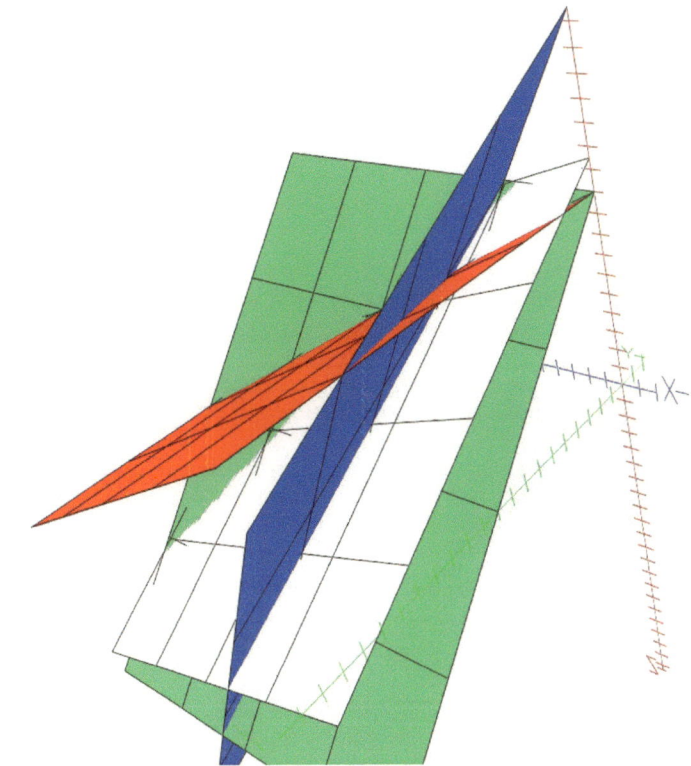

(Quelle: Eigene Darstellung)

z = -(1/2)x + 10   Vitamin A
z = -(3/2)x - (1/2)y + 17,5   Vitamin B
z = -y + 10   Vitamin C
z = -(1/3)x - (2/3) y   F

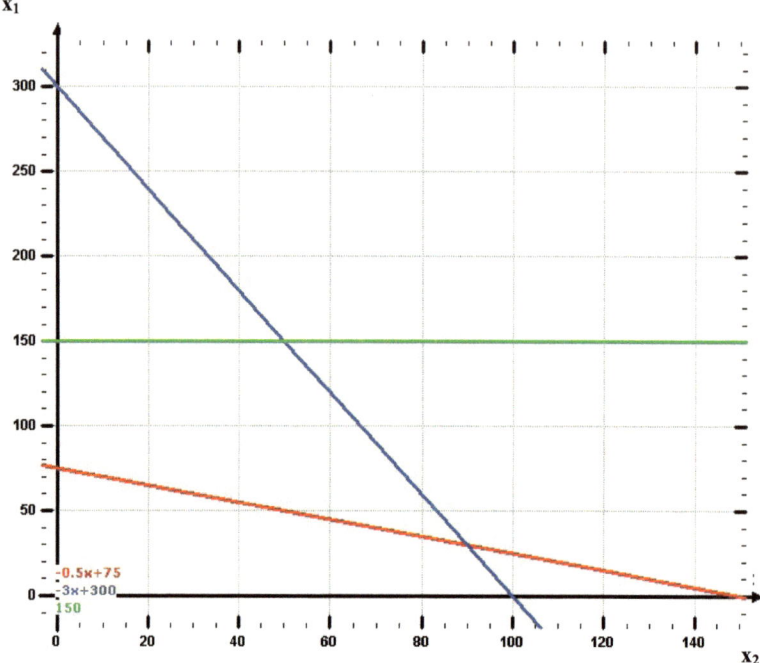

(Quelle: Eigene Darstellung)

Anhang 7

Basis	x_1	x_2	u_1	u_2	u_3	b_i	
u_1	2	1	1			150	:2
u_2	1	3		1		300	
u_3	1				1	150	
F	-1,4	-1,3					

Basis	x_1	x_2	u_1	u_2	u_3	b_i	
	1	(1/2)	(1/2)			75	
	1	3		1		300	-1*I
	1				1	150	-1*I
F	-1,4	-1,3					+1,4*I

Basis	x_1	x_2	u_1	u_2	u_3	b_i	
x_1	1	(1/2)	(1/2)			75	
u_2		2,5	-0,5	1		225	:2,5
u_3		-0,5	-0,5		1	75	
F		-0,6	0,7			105	

Basis	x_1	x_2	u_1	u_2	u_3	b_i	
	1	(1/2)	(1/2)			75	-0,5*II
		1	-0,2	0,4		90	
		-0,5	-0,5		1	75	+0,5*II
F		-0,6	0,7			105	+0,6II

Basis	x_1	x_2	u_1	u_2	u_3	b_i
x_1	1		0,6	-0,2		30
x2		1	-0,2	0,4		90
u_3			-0,6	0,2	1	120
F			0,58	0,24		159

40